Foundations of Advancement: Principles and Practices in Civil Engineering

సివిల్ ఇంజనీరింగ్‌లో ప్రోగతి యొక్క పునాదులు: సూత్రాలు మరియు ఆచరణలు

Sunitha Rajan

Copyright © [2023]

Author: Sunitha Rajan

Title: Foundations of Advancement: Principles and Practices in Civil Engineering

This book is a self-published work by the author Sunitha Rajan

ISBN:

TABLE OF CONTENTS

- Unveiling the power of civil engineering: its impact on society and shaping the future.

- Exploring the historical evolution of civil engineering marvels and iconic structures.

- Understanding the ethical compass: sustainability, environmental considerations, and social responsibility.

- Embracing the digital revolution: the role of technology and innovation in modern civil engineering.

- Demystifying the language of forces: statics, equilibrium, and stress analysis.

- Delving into the strength of materials: properties and behavior of concrete, steel, wood, and composites.

- Building a strong foundation: soil mechanics, foundation design, and geotechnical engineering principles.

- Bringing structures to life: structural mechanics, load-bearing analysis, and design considerations.

TABLE OF CONTENTS

- సమాజంపై దాని ప్రభావం మరియు భవిష్యత్తును రూపొందించడంలో సివిల్ ఇంజనీరింగ్ యొక్క శక్తిని బహిర్గతం చేయడం.

- సివిల్ ఇంజనీరింగ్ అద్భుతాలు మరియు చిహ్నాలైన నిర్మాణాల చారిత్రక పరిణామాన్ని అన్వేషించడం.

- నీతిబోధ దిక్సూచి: నిలకడత్వం, పర్యావరణ పరిశీలనలు మరియు సామాజిక బాధ్యత.

- డిజిటల్ విప్లవాన్ని స్వీకరించడం: ఆధునిక సివిల్ ఇంజనీరింగ్‌లో టెక్నాలజీ మరియు ఆవిష్కరణల పాత్ర.

- బలాల భాషను ఛేదించడం: స్టాటిక్స్, సమతౌల్యం మరియు ఒత్తిడి విశ్లేషణ.

- పదార్థాల బలాన్ని లోతుగా పరిశీలించడం: కాంక్రీటు, ఉక్కు, చెక్క మరియు కంపోజిట్‌ల లక్షణాలు మరియు ప్రవర్తన.

- బలమైన పునాది నిర్మాణం: మట్టి మెకానిక్స్, పునాది రూపకల్పన మరియు జియోటెక్నికల్ ఇంజనీరింగ్ సూత్రాలు.

- నిర్మాణాలకు ప్రాణం పోయడం: స్ట్రక్చరల్ మెకానిక్స్, లోడ్-బేరింగ్ విశ్లేషణ మరియు రూపకల్పన పరిశీలనలు.

- సమర్థవంతమైన కదలిక కోసం ప్రణాళిక: అనుసంధాన ప్రపంచంలో రహదారులు, వంతెలు, టన్నెళ్లు మరియు రైల్వేలు.

- జ్యామితీయ రూపకల్పన కళను నేర్చుకోవడం: రవాణా వ్యవస్థలలో భద్రత, సామర్థ్యం మరియు సౌందర్యం.

- బ్లూప్రింట్ల నుండి వాస్తవికతకు వెళ్లడం: పైపుల, వంతెలు మరియు టన్నెళ్ళ కోసం నిర్మాణ సామగ్రి మరియు పద్ధతులు.

- ట్రాఫిక్ ప్రవాహాన్ని ఆప్టిమైజేషన్ చేయడం: ఇంటెలిజెంట్ రవాణా వ్యవస్థలు, ట్రాఫిక్ ఇంజనీరింగ్ మరియు భవిష్యత్తు ధోరణులు.

- స్మార్ట్ ఇన్‌ఫ్రాస్ట్రక్చర్: తెలివైన ఇన్‌ఫ్రాస్ట్రక్చర్ కోసం సాంకేతికత, సెన్సార్లు మరియు డేటా అనలిటిక్స్‌ను సమ్మైక్యతం చేయడం.

- నిర్మాణ సమాచార మోడలింగ్ (BIM): రూపకల్పన, నిర్మాణం మరియు సహకారంలో విప్లవాత్మక మార్పు.

- స్థిరమైన పదార్థాలను స్వీకరించడం: గ్రీన్ కాంక్రీట్, రీసైకిల్ చేసిన పదార్థాలు మరియు బయో-బేస్డ్ నిర్మాణం.

- ఆటోమేషన్ మరియు రోబోటిక్స్: రోబోట్లు మరియు అధునాతన సాంకేతికతలతో నిర్మాణం యొక్క భవిష్యత్తు.

Chapter 1: Building the Blueprint: Foundations of Civil Engineering

అధ్యాయం 1. బ్లూప్రింట్ నిర్మాణం: సివిల్ ఇంజనీరింగ్ యొక్క పునాదులు

సమాజంపై దాని ప్రభావం మరియు భవిష్యత్తును రూపొందించడంలో సివిల్ ఇంజనీరింగ్ యొక్క శక్తిని బహిర్గతం చేయడం

సమాజంపై సివిల్ ఇంజనీరింగ్ యొక్క ప్రభావం

సివిల్ ఇంజనీరింగ్ అనేది మౌలిక సదుపాయాలను రూపొందించడం, నిర్మించడం మరియు నిర్వహించడంపై దృష్టి పెట్టే ఇంజనీరింగ్ విభాగం. ఇది మన జీవితంలోని ప్రతి అంశాన్ని ప్రభావితం చేస్తుంది, మనం నివసించే ఇళ్ల నుండి మనం ప్రయాణించే రహదారుల వరకు.

సివిల్ ఇంజనీర్లు మన జీవితాలను మెరుగుపరచడానికి అనేక విధాలుగా సహాయపడతారు. వారు మనం నివసించే పట్టణాలు మరియు గ్రామాలను మరింత సౌకర్యవంతంగా మరియు సురక్షితంగా చేయడానికి సహాయపడతారు. వారు మనం ప్రయాణించే మార్గాలను మెరుగుపరచడానికి మరియు మనం ఉత్పత్తి చేసే ఆహారాన్ని సరఫరా చేయడానికి సహాయపడతారు. వారు మనం శక్తిని ఉత్పత్తి చేయడానికి మరియు మనం విడుదల చేసే కాలుష్యాన్ని తగ్గించడానికి సహాయపడతారు.

సివిల్ ఇంజనీరింగ్ యొక్క కొన్ని ప్రముఖ ఉదాహరణలు ఇక్కడ ఉన్నాయి:

- ఇళ్ళు, కార్యాలయాలు, పాఠశాలలు మరియు ఇతర భవనాలు

- రహదారులు, వంతెనలు, మైలురాళ్ళు మరియు ఇతర రవాణా మౌలిక సదుపాయాలు

- నీటి పారుదల వ్యవస్థలు, డ్రెయిన్లు మరియు ఇతర నీటి సరఫరా మౌలిక సదుపాయాలు

- విద్యుత్ గ్రిడ్లు, పవర్ ప్లాంట్లు మరియు ఇతర శక్తి ఉత్పత్తి మౌలిక సదుపాయాలు

- పారిశ్రామిక మౌలిక సదుపాయాలు, వ్యవసాయ మౌలిక సదుపాయాలు మరియు ఇతర వాణిజ్య మౌలిక సదుపాయాలు

ఈ మౌలిక సదుపాయాలు మన జీవితాలను అనేక విధాలుగా మెరుగుపరుస్తాయి. అవి మనకు ఆశ్రయం, రవాణా, నీటి సరఫరా, శక్తి మరియు ఇతర అవసరాలను అందిస్తాయి. అవి మన ఆరోగ్యాన్ని మరియు భద్రతను మెరుగుపరుస్తాయి మరియు మన సమాజాలను మరింత సమర్ధవంతంగా మరియు స్థిరంగా చేస్తాయి.

భవిష్యత్తును రూపొందించడంలో సివిల్ ఇంజనీరింగ్ యొక్క శక్తి

సివిల్ ఇంజనీరింగ్ భవిష్యత్తును రూపొందించడంలో కీలక పాత్ర పోషిస్తుంది. ఇది మనం ఎలా నివసిస్తాము, ప్రయాణిస్తాము మరియు పని చేస్తాము అనే విధానాన్ని మార్చడంలో సహాయపడుతుంది.

సివిల్ ఇంజనీరింగ్ అద్భుతాలు మరియు చిహ్నలైన నిర్మాణాల చారిత్రక పరిణామాన్ని అన్వేషించడం

సివిల్ ఇంజనీరింగ్ అనేది మన చుట్టూ ఉన్న ప్రపంచాని రూపొందించడంలో కీలక పాత్ర పోషిస్తున్న ఒక శతాబ్దాలుగా ఉన్న విభాగం. సివిల్ ఇంజనీర్లు రహదారులు, వంతెనలు, భవనాలు, నీటిపారుదల వ్యవస్థలు మరియు ఇతర మౌలిక సదుపాయాలను రూపొందించడానికి మరియు నిర్మించడానికి బాధ్యత వహిస్తారు. ఈ నిర్మాణాలు మన జీవితాలను అనేక విధాలుగా ప్రభావితం చేస్తాయి, మనం నివసించే మార్గాల నుండి మనం ప్రయాణించే మార్గాల వరకు.

సివిల్ ఇంజనీరింగ్ యొక్క చరిత్ర పురాతన ఈజిప్ట్ మరియు మెసొపొటేమియా వంటి ప్రాచీన సంస్కృతుల వరకు వెనక్కి వెళుతుంది. ఈ సంస్కృతులు యుద్ధరంగం, నీటిపారుదల మరియు ధార్మిక ఆరాధన కోసం భారీ నిర్మాణాలను నిర్మించాయి.

పురాతన గ్రీస్ మరియు రోమ్‌లో, సివిల్ ఇంజనీరింగ్ మరింత అభివృద్ధి చెందింది. గ్రీకులు మరియు రోమన్లు కొత్త నిర్మాణ పద్ధతులను అభివృద్ధి చేశారు మరియు వాటిని వారి నగరాలు మరియు సామ్రాజ్యాలను అభివృద్ధి చేయడానికి ఉపయోగించారు. వారి ప్రతిభావంతమైన సివిల్ ఇంజనీర్లు వంతెనలు, రహదారులు, నీటిపారుదల వ్యవస్థలు మరియు భవనాలను నిర్మించారు.

పురాతన గ్రీస్ నుండి చిహ్నలైన నిర్మాణాలు

- పిరమిడ్లు: ఈజిప్ట్ యొక్క పురాతన పిరమిడ్లు సివిల్ ఇంజనీరింగ్ యొక్క అత్యంత ప్రసిద్ధ చిహ్నలలో ఒకటి.

ఈ భారీ నిర్మాణాలు రాజుల శవాలను నిల్వ చేయడానికి ఉపయోగించబడ్డాయి.

పురాతన ఈజిప్ట్ యొక్క పిరమిడ్లు

- గ్రీక్ థేటర్లు: గ్రీకు థేటర్లు సివిల్ ఇంజనీరింగ్ యొక్క మరొక గొప్ప చిహ్నం. ఈ ఓపెన్-ఎయిర్ థియేటర్లు 10,000 మంది కూడా కూర్చునే సామర్థ్యాన్ని కలిగి ఉన్నాయి.

- రోమన్ అక్వెడక్ట్లు: రోమన్ అక్వెడక్ట్లు నీటిని దూరం నుండి నగరాలకు తరలించడానికి ఉపయోగించే భారీ నిర్మాణాలు. ఈ అక్వెడక్ట్లు 2,000 సంవత్సరాలకు పైగా నిలబడి ఉన్నాయి మరియు ఇప్పటికీ కొన్ని ప్రదేశాలలో ఉపయోగించబడుతున్నాయి

నీతిబోధ దిక్సూచి: నిలకడత్వం, పర్యావరణ పరిశీలనలు మరియు సామాజిక బాధ్యత

నిలకడత్వం

నిలకడత్వం అనేది భవిష్యత్తు తరాల అవసరాలను తీర్చగల విధంగా ప్రస్తుత అవసరాలను తీర్చడం. సివిల్ ఇంజనీరింగ్‌లో, నిలకడత్వం అనేది మౌలిక సదుపాయాలను రూపొందించడం, నిర్మించడం మరియు నిర్వహించడం ద్వారా పర్యావరణాన్ని కాపాడుకోవడానికి మరియు సమాజానికి లాభం చేకూర్చడానికి సివిల్ ఇంజనీర్లు తీసుకునే చర్యలను సూచిస్తుంది.

సివిల్ ఇంజనీర్లు నిలకడత్వాన్ని ప్రోత్సహించడానికి కొన్ని విధాలు ఇక్కడ ఉన్నాయి:

- పునర్వినియోగం మరియు రీసైక్లింగ్: సివిల్ ఇంజనీర్లు పునర్వినియోగం మరియు రీసైక్లింగ్‌ను ప్రోత్సహించే మౌలిక సదుపాయాలను రూపొందించవచ్చు. ఉదాహరణకు, వారు పునర్వినియోగం చేయగల పదార్థాలతో నిర్మించబడిన భవనాలను రూపొందించవచ్చు లేదా రీసైకిల్ చేయగల పదార్థాలను ఉపయోగించి రహదారులను నిర్మించవచ్చు.

- శక్తి సామర్థ్య: సివిల్ ఇంజనీర్లు శక్తి సామర్థ్యాన్ని పెంచే మౌలిక సదుపాయాలను రూపొందించవచ్చు. ఉదాహరణకు, వారు సౌర శక్తి లేదా గాలి శక్తి వంటి స్వచ్ఛమైన శక్తి వనరులను ఉపయోగించే మౌలిక సదుపాయాలను రూపొందించవచ్చు.

- నీటి సామర్థ్య: సివిల్ ఇంజనీర్లు నీటి సామర్థ్యాన్ని పెంచే మౌలిక సదుపాయాలను రూపొందించవచ్చు. ఉదాహరణకు, వారు నీటిని సేకరించడానికి మరియు నిల్వ చేయడానికి మౌలిక సదుపాయాలను రూపొందించవచ్చు.

- భూమిని కాపాడుకోవడం: సివిల్ ఇంజనీర్లు భూమిని కాపాడుకోవడానికి మౌలిక సదుపాయాలను రూపొందించవచ్చు. ఉదాహరణకు, వారు వనరులను ఆదా చేయడానికి మరియు కాలుష్యాన్ని తగ్గించడానికి రూపొందించిన మౌలిక సదుపాయాలను రూపొందించవచ్చు.

పర్యావరణ పరిశీలనలు

పర్యావరణ పరిశీలనలు అనేది ఏదైనా ప్రాజెక్ట్‌ను ప్రారంభించే ముందు దాని పర్యావరణ ప్రభావాలను అంచనా వేయడానికి చేసే ప్రక్రియ. సివిల్ ఇంజనీర్లు పర్యావరణ పరిశీలనలను నిర్వహించడం ద్వారా, వారు వారి ప్రాజెక్ట్‌లు పర్యావరణానికి హాని కలిగించకుండా ఉండటానికి ఏ చర్యలు తీసుకోవచ్చో నిర్ణయించుకోవచ్చు.

డిజిటల్ విప్లవాన్ని స్వీకరించడం: ఆధునిక సివిల్ ఇంజనీరింగ్‌లో టెక్నాలజీ మరియు ఆవిష్కరణల పాత్ర

డిజిటల్ విప్లవం ప్రపంచాన్ని మార్చివేస్తున్నది, మరియు సివిల్ ఇంజనీరింగ్ మినహాయింపు కాదు. డిజిటల్ సాంకేతికతలు మరియు ఆవిష్కరణలు సివిల్ ఇంజనీర్లకు వారి ప్రాజెక్ట్‌లను మరింత సమర్థవంతంగా మరియు ప్రభావవంతంగా రూపొందించడానికి, నిర్మించడానికి మరియు నిర్వహించడానికి కొత్త అవకాశాలను తెరిచాయి.

డిజిటల్ సాంకేతికతలు సివిల్ ఇంజనీరింగ్‌లో ఎలా మార్పు చేస్తున్నాయి?

డిజిటల్ సాంకేతికతలు సివిల్ ఇంజనీరింగ్‌లో అనేక విభాగాలను ప్రభావితం చేస్తున్నాయి, వీటిలో:

- డిజైన్: డిజిటల్ సాంకేతికతలు సివిల్ ఇంజనీర్లకు మరింత ఖచ్చితమైన మరియు సమగ్రమైన డిజైన్‌లను రూపొందించడానికి సహాయపడుతున్నాయి. ఉదాహరణకు, 3D ప్రింటింగ్ మరియు వెర్చువల్ రియాలిటీ వంటి సాంకేతికతలు సివిల్ ఇంజనీర్లకు వారి ప్రాజెక్ట్‌లను మరింత వివరంగా మరియు నిజాయితీగా అన్వేషించడానికి అనుమతిస్తాయి.

- నిర్మాణం: డిజిటల్ సాంకేతికతలు సివిల్ ఇంజనీర్లకు వారి ప్రాజెక్ట్‌లను మరింత సమర్థవంతంగా మరియు ఖచ్చితంగా నిర్మించడానికి సహాయపడుతున్నాయి. ఉదాహరణకు, డ్రోన్‌లు మరియు రిమోట్ సెన్సింగ్ వంటి సాంకేతికతలు సివిల్ ఇంజనీర్లకు నిర్మాణ

ప్రక్రియను పర్యవేక్షించడానికి మరియు సమస్యలను గుర్తించడానికి సహాయపడతాయి.

- నిర్వహణ: డిజిటల్ సాంకేతికతలు సివిల్ ఇంజనీర్లకు వారి ప్రాజెక్ట్‌లను మరింత సమర్థవంతంగా మరియు భద్రంగా నిర్వహించడానికి సహాయపడుతున్నాయి. ఉదాహరణకు, డేటా యానలిటిక్స్ వంటి సాంకేతికతలు సివిల్ ఇంజనీర్లకు మౌలిక సదుపాయాల యొక్క పనితీరును మరియు స్థితిని ట్రాక్ చేయడానికి సహాయపడతాయి.

Chapter 2: Mastering the Mechanics: The Backbone of Structures

అధ్యాయం 2. మెకానిక్స్‌ను నేర్చుకోవడం: నిర్మాణాల యొక్క వెన్నెముక

బలాల భాషను ఛేదించడం: స్టాటిక్స్, సమతౌల్యం మరియు ఒత్తిడి విశ్లేషణ

బలాలు సివిల్ ఇంజనీరింగ్‌లో ఒక కీలక అంశం. సివిల్ ఇంజనీర్లు నిర్మాణాలు, వంతెనలు, రహదారులు మరియు ఇతర మౌలిక సదుపాయాలను రూపొందించడానికి మరియు నిర్మించడానికి బలాలను అర్థం చేసుకోవాలి.

స్టాటిక్స్ అనేది స్థిరమైన వ్యవస్థలలో బలాలను అధ్యయనం చేసే శాస్త్రం. స్టాటిక్స్‌లో, మనం సమతౌల్యం యొక్క నియమాలను ఉపయోగించి బలాలను విశ్లేషిస్తాము.

సమతౌల్యం అనేది ఒక వ్యవస్థలోని అన్ని బలాలు సమతుల్యంగా ఉన్న స్థితి. సమతౌల్యం యొక్క రెండు నియమాలు ఉన్నాయి:

- సమవ్యూహ నియమం: ఒక వ్యవస్థపై పనిచేసే అన్ని బలాల సమవ్యూహం శూన్యం.

- సమత్వ నియమం: ఒక వ్యవస్థపై పనిచేసే అన్ని బలాల సమత్యం శూన్యం.

ఒత్తిడి అనేది ఒక వస్తువు యొక్క యూనిట్ వాల్యూమ్‌పై వర్తించే బలం. ఒత్తిడిని తరచుగా పౌడన్‌లలో చదరపు

అంగుళం లేదా నియోట్ల్సలలో చదరపు మీటర్లలో కొలుస్తారు.

ఒత్తిడి విశ్లేషణ అనేది ఒక వస్తువు యొక్క ఒత్తిడిని అంచనా వేయడానికి ఉపయోగించే శాస్త్రం. ఒత్తిడి విశ్లేషణలో, మనం బలాలను, పదార్థాల యొక్క లక్షణాలను మరియు వస్తువు యొక్క ఆకృతిని పరిగణనలోకి తీసుకుంటాము.

బలాల భాషను ఛేదించడానికి కొన్ని చిట్కాలు

- బలాలను సరళంగా విభజించండి. ఒక వ్యవస్థపై పనిచేసే బలాలను చిన్న, సరళమైన బలాల సమూహాలుగా విభజించడం సహాయపడుతుంది.

- సమతొల్య నియమాలను ఉపయోగించండి. సమతొల్య నియమాలు బలాలను విశ్లేషించడానికి ఒక శక్తివంతమైన సాధనం.

- ఒత్తిడి విశ్లేషణ సాధనాలను ఉపయోగించండి. ఒత్తిడి విశ్లేషణ సాధనాలు మీకు ఒత్తిడిని సులభంగా మరియు ఖచ్చితంగా లెక్కించడంలో సహాయపడతాయి.

బలాల భాషను నేర్చుకోవడం

బలాల భాషను నేర్చుకోవడానికి సమయం మరియు కృషి అవసరం. అయితే, కొంత సాధనంతో, మీరు ఈ శక్తివంతమైన సాధనాన్ని ఉపయోగించి మీ సివిల్ ఇంజనీరింగ్ ప్రాజెక్ట్లను విజయవంతంగా పూర్తి చేయగలరు.

పదార్థాల బలాన్ని లోతుగా పరిశీలించడం: కాంక్రీటు, ఉక్కు, చెక్క మరియు కంపోజిట్ల లక్షణాలు మరియు ప్రవర్తన

పరిచయం

పదార్థాల బలం అనేది వాటిని బాధించే శక్తులను తట్టుకోగల సామర్థ్యం. ఇది పదార్థాల యొక్క ముఖ్యమైన లక్షణం, ఎందుకంటే ఇది వాటిని నిర్మాణాలలో ఉపయోగించడానికి అనుమతిస్తుంది. పదార్థాల బలాన్ని అర్థం చేసుకోవడం ద్వారా, మేము వాటిని మరింత సమర్థవంతంగా మరియు సురక్షితంగా ఉపయోగించగలము.

ఈ వ్యాసంలో, మేము కాంక్రీటు, ఉక్కు, చెక్క మరియు కంపోజిట్ల వంటి వివిధ రకాల పదార్థాల బలాన్ని పరిశీలిస్తాము. మేము ప్రతి పదార్థం యొక్క లక్షణాలు మరియు ప్రవర్తనను వివరిస్తాము మరియు వాటిని ఎలా ఉపయోగించవచ్చో చర్చిస్తాము.

కాంక్రీటు

కాంక్రీటు అనేది సిమెంట్, ఇసుక, రాళ్ళు మరియు నీటితో తయారుచేయబడిన ఒక శిలాజ పదార్థం. ఇది బలంగా మరియు స్థిరంగా ఉంటుంది మరియు వివిధ రకాల నిర్మాణాలలో ఉపయోగించబడుతుంది.

కాంక్రీటు యొక్క బలం దానిలోని సిమెంట్ యొక్క పరిమాణం మరియు నాణ్యతపై ఆధారపడి ఉంటుంది. సిమెంట్ మరింత పరిమాణంలో ఉంటే, కాంక్రీటు మరింత బలంగా ఉంటుంది.

సిమెంట్ నాణ్యత మెరుగైతే, కాంక్రీటు కూడా మరింత బలంగా ఉంటుంది.

కాంక్రీటు యొక్క బలం దానిలోని ఇసుక మరియు రాళ్ళు యొక్క పరిమాణం మరియు నాణ్యతపై కూడా ఆధారపడి ఉంటుంది. ఇసుక మరియు రాళ్ళు చిన్నవి మరియు మృదువైనవి ఉంటే, కాంక్రీటు మరింత బలంగా ఉంటుంది.

కాంక్రీటు యొక్క బలం దానిలోని నీటి పరిమాణంపై కూడా ఆధారపడి ఉంటుంది. నీరు ఎక్కువగా ఉంటే, కాంక్రీటు తక్కువ బలంగా ఉంటుంది.

కాంక్రీటు యొక్క బలాన్ని మెరుగుపరచడానికి, మీరు ఈ క్రింది వాటిని చేయవచ్చు:

- సిమెంట్ యొక్క పరిమాణాన్ని పెంచండి.
- సిమెంట్ యొక్క నాణ్యతను మెరుగుపరచండి.
- ఇసుక మరియు రాళ్ళు యొక్క పరిమాణాన్ని తగ్గించండి.
- ఇసుక మరియు రాళ్ళు యొక్క నాణ్యతను మెరుగుపరచండి.
- కాంక్రీటులోని నీటి పరిమాణాన్ని తగ్గించండి.

ఉక్కు, చెక్క మరియు కంపోజిట్‌ల లక్షణాలు మరియు ప్రవర్తన

పరిచయం

పదార్థాల బలం అనేది వాటిని బాధించే శక్తులను తట్టుకోగల సామర్థ్యం. ఇది పదార్థాల యొక్క ముఖ్యమైన లక్షణం, ఎందుకంటే ఇది వాటిని నిర్మాణాలలో ఉపయోగించడానికి అనుమతిస్తుంది. పదార్థాల బలాన్ని అర్థం చేసుకోవడం ద్వారా, మేము వాటిని మరింత సమర్థవంతంగా మరియు సురక్షితంగా ఉపయోగించగలము.

ఈ వ్యాసంలో, మేము ఉక్కు, చెక్క మరియు కంపోజిట్‌ల వంటి వివిధ రకాల పదార్థాల బలాన్ని పరిశీలిస్తాము. మేము ప్రతి పదార్థం యొక్క లక్షణాలు మరియు ప్రవర్తనను వివరిస్తాము మరియు వాటిని ఎలా ఉపయోగించవచ్చో చర్చిస్తాము.

ఉక్కు

ఉక్కు అనేది ఇనుము మరియు కార్బన్‌తో తయారుచేయబడిన ఒక లోహం. ఇది బలంగా మరియు స్థిరంగా ఉంటుంది మరియు వివిధ రకాల నిర్మాణాలలో ఉపయోగించబడుతుంది.

ఉక్కు యొక్క బలం దానిలోని కార్బన్ యొక్క శాతంపై ఆధారపడి ఉంటుంది. కార్బన్ శాతం ఎక్కువగా ఉంటే, ఉక్కు మరింత బలంగా ఉంటుంది. ఉదాహరణకు, స్టీల్ లో కార్బన్ శాతం 0.1 నుండి 0.25% ఉంటుంది, మరియు స్థిర ఉక్కులో కార్బన్ శాతం 0.25 నుండి 0.6% ఉంటుంది.

ఉక్కు యొక్క బలం దానిలోని స్థితిస్థాపకతపై కూడా ఆధారపడి ఉంటుంది. స్థితిస్థాపకత అనేది పదార్థం తన ప్రారంభ ఆకారానికి తిరిగి రాగల సామర్థ్యం. ఉక్కు యొక్క స్థితిస్థాపకత దానిలోని కార్బన్ యొక్క శాతం మరియు ఉక్కు ఎలా ఉత్పత్తి చేయబడిందనే దానిపై ఆధారపడి ఉంటుంది.

ఉక్కు యొక్క బలం దానిలోని సాంద్రతపై కూడా ఆధారపడి ఉంటుంది. సాంద్రత అనేది ఒక ఘనపదార్థంలోని ద్రవ్యరాశి యొక్క ఘనపరిమాణంతో నిష్పత్తి. ఉక్కు యొక్క సాంద్రత 7850 కిలోగ్రాములు/ఘనపు మీటరు.

ఉక్కు యొక్క బలం దానిలోని ఉష్ణోగ్రతపై కూడా ఆధారపడి ఉంటుంది. ఉక్కు యొక్క బలం ఉష్ణోగ్రత పెరిగే కొద్దీ తగ్గుతుంది.

బలమైన పునాది నిర్మాణం: మట్టి మెకానిక్స్, పునాది రూపకల్పన మరియు జియోటెక్నికల్ ఇంజనీరింగ్ సూత్రాలు

పరిచయం

పునాది అనేది భవనం లేదా నిర్మాణాన్ని మట్టి లేదా రాళ్లపై నిలబెట్టడానికి ఉపయోగించే నిర్మాణం. పునాది బలంగా ఉండాలి, తద్వారా భవనం లేదా నిర్మాణం యొక్క భారాన్ని మట్టి లేదా రాళ్లపై సమర్థవంతంగా మోయగలదు.

బలమైన పునాది నిర్మించడానికి, మట్టి మెకానిక్స్, పునాది రూపకల్పన మరియు జియోటెక్నికల్ ఇంజనీరింగ్ సూత్రాలను అర్థం చేసుకోవడం ముఖ్యం. మట్టి మెకానిక్స్ అనేది మట్టి యొక్క భౌతిక లక్షణాలు మరియు దాని ప్రవర్తనను అధ్యయనం చేసే శాస్త్రం. పునాది రూపకల్పన అనేది భవనం లేదా నిర్మాణం యొక్క భారాన్ని మట్టి లేదా రాళ్లపై సమర్థవంతంగా మోయగల పునాదిని రూపొందించే ప్రక్రియ. జియోటెక్నికల్ ఇంజనీరింగ్ అనేది మట్టి మరియు రాళ్లతో సంబంధం ఉన్న ఇంజనీరింగ్ శాఖ.

ఈ వ్యాసం బలమైన పునాది నిర్మాణానికి సంబంధించిన మట్టి మెకానిక్స్, పునాది రూపకల్పన మరియు జియోటెక్నికల్ ఇంజనీరింగ్ సూత్రాలను వివరిస్తుంది.

మట్టి మెకానిక్స్

మట్టి అనేది రాతి ముక్కలు, మట్టి మరియు నీటి మిశ్రమం. మట్టి యొక్క భౌతిక లక్షణాలు దానిలోని రాతి ముక్కల పరిమాణం, ఆకృతి మరియు పంపిణీ, మట్టి మరియు నీటి

పరిమాణం మరియు మట్టి యొక్క పరిమాణంపై ఆధారపడి ఉంటాయి.

మట్టి యొక్క కొన్ని ముఖ్యమైన భౌతిక లక్షణాలు:

- భారం: మట్టి యొక్క ఘనపరిమాణంలో ఒక యూనిట్‌కు ఉంటుంది.

- సాంద్రత: మట్టిలోని ఘనపదార్థం, నీరు మరియు గాలి యొక్క శాతం.

- సాంద్రీకరణ: మట్టిలోని ఘనపదార్థం యొక్క శాతం.

- స్నిగ్ధత: మట్టిని నొక్కినప్పుడు లేదా కదిలించినప్పుడు ప్రతిఘటన.

- బలం: మట్టిని విచ్చిన్నం చేయడానికి అవసరమైన శక్తి.

మట్టి యొక్క ప్రవర్తన దాని భౌతిక లక్షణాలపై ఆధారపడి ఉంటుంది. ఉదాహరణకు, సాంద్రమైన మట్టి అసాంద్రమైన మట్టి కంటే బలంగా ఉంటుంది. మరియు, తేమతో కూడిన మట్టి పొడి మట్టి కంటే తక్కువ బలంగా ఉంటుంది.

నిర్మాణాలకు ప్రాణం పోయడం: స్ట్రక్చరల్ మెకానిక్స్, లోడ్-బేరింగ్ విశ్లేషణ మరియు రూపకల్పన పరిశీలనలు

పరిచయం

నిర్మాణాలు మన చుట్టూ ఉన్న ప్రపంచంలో ఒక ముఖ్యమైన భాగం. అవి మనం నివసించే ఇళ్ళు, పనిచేసే కార్యాలయాలు, ఆడుకోవడానికి పార్కులు, మరియు మనం ప్రయాణించే రహదారులు మరియు వంతెనలను కలిగి ఉంటాయి. నిర్మాణాలు మన జీవితాలను సౌకర్యవంతంగా మరియు సురక్షితంగా చేయడంలో సహాయపడతాయి.

నిర్మాణాలు నిర్మించడానికి, స్ట్రక్చరల్ మెకానిక్స్ యొక్క సూత్రాలను అర్థం చేసుకోవడం చాలా ముఖ్యం. స్ట్రక్చరల్ మెకానిక్స్ అనేది శక్తి మరియు వక్రత యొక్క సూత్రాలను ఉపయోగించి నిర్మాణాల యొక్క ప్రవర్తనను అధ్యయనం చేసే ఒక శాస్త్రం. ఇది నిర్మాణాలను రూపొందించడానికి మరియు నిర్మించడానికి, మరియు వాటిని సురక్షితంగా మరియు స్థిరంగా ఉంచడానికి అవసరమైన సమాచారాన్ని అందిస్తుంది.

నిర్మాణాల యొక్క ప్రవర్తనను అర్థం చేసుకోవడానికి, మనం లోడ్-బేరింగ్ విశ్లేషణను ఉపయోగించవచ్చు. లోడ్-బేరింగ్ విశ్లేషణ అనేది నిర్మాణాలపై పనిచేసే శక్తులను అంచనా వేయడానికి మరియు వాటి ప్రభావాన్ని అంచనా వేయడానికి ఉపయోగించే ఒక విధానం. ఇది నిర్మాణాలను సురక్షితంగా మరియు స్థిరంగా ఉంచడానికి అవసరమైన సమాచారాన్ని అందిస్తుంది.

నిర్మాణాలను రూపొందించడానికి, మనం స్ట్రక్చరల్ మెకానిక్స్ మరియు లోడ్-బేరింగ్ విశ్లేషణ యొక్క సూత్రాలను ఉపయోగించవచ్చు. ఈ సూత్రాలను ఉపయోగించి, మనం నిర్మాణాలను రూపొందించవచ్చు, ఇవి లోడ్లను సమర్ధవంతంగా మరియు సురక్షితంగా మోయగలవు.

నిర్మాణాలకు ప్రాణం పోయడం

నిర్మాణాలకు ప్రాణం పోయడం అనేది నిర్మాణాల యొక్క శక్తి మరియు వక్రత యొక్క సూత్రాలను ఉపయోగించి నిర్మాణాల యొక్క ప్రవర్తనను అధ్యయనం చేసే ఒక శాస్త్రం. ఇది నిర్మాణాలను రూపొందించడానికి, నిర్మించడానికి మరియు వాటిని సురక్షితంగా మరియు స్థిరంగా ఉంచడానికి అవసరమైన సమాచారాన్ని అందిస్తుంది.

Chapter 3: Shaping the Landscape: Transportation Infrastructure Design

అధ్యాయం 3. ప్రకృతిని ఆకృతి చేయడం: రవాణా మౌలిక సదుపాయాల రూపకల్పన

సమర్థవంతమైన కదలిక కోసం ప్రణాళిక: అనుసంధాన ప్రపంచంలో రహదారులు, వంతెలు, టన్నెళ్ళు మరియు రైల్వేలు

పరిచయం

ప్రపంచం ఒక అనుసంధాన ప్రపంచంగా మారుతోంది. ప్రజలు, వస్తువులు మరియు సేవలు ఎప్పటికీ ముందు కంటే ఎక్కువగా ప్రయాణిస్తున్నారు. ఈ పెరుగుతున్న కదలికను నిర్వహించడానికి, మనం సమర్థవంతమైన కదలిక వ్యవస్థలను రూపొందించాలి.

రహదారులు, వంతెలు, టన్నెళ్ళు మరియు రైల్వేలు సమర్థవంతమైన కదలికకు ముఖ్యమైన అంశాలు. వీటిని సమర్థవంతంగా రూపొందించడం మరియు నిర్వహించడం వల్ల ప్రజలు మరియు వస్తువులను సురక్షితంగా మరియు సమర్థవంతంగా రవాణా చేయడానికి సహాయపడుతుంది.

రహదారులు

రహదారులు ప్రపంచంలోని అత్యంత సాధారణ రవాణా మార్గాలు. అవి ప్రజలు మరియు వస్తువులను నగరాల మధ్య, నగరాల నుండి గ్రామాలకు మరియు గ్రామాల నుండి నగరాలకు రవాణా చేయడానికి ఉపయోగిస్తారు.

సమర్థవంతమైన రహదారులను రూపొందించడానికి, మనం కింది అంశాలను పరిగణించాలి:

- రహదారి యొక్క లక్ష్యం: రహదారి ప్రజలను రవాణా చేయడానికి ఉద్దేశించబడిందా లేదా వస్తువులను రవాణా చేయడానికి ఉద్దేశించబడిందా?

- రహదారి యొక్క ట్రాఫిక్ స్థాయి: రహదారి ఎంత ట్రాఫిక్‌ను నిర్వహించాలి?

- రహదారి యొక్క భౌగోళిక లక్షణాలు: రహదారి ఏ రకమైన ప్రదేశం గుండా వెళుతుంది?

రహదారులను రూపొందించడానికి కొన్ని ప్రాథమిక విధానాలు ఉన్నాయి:

- రహదారి యొక్క వెడల్పు: రహదారి ఎంత వెడల్పు ఉండాలి?

- రహదారి యొక్క వాలు: రహదారి ఎంత వాలుగా ఉండాలి?

- రహదారి యొక్క మలుపులు: రహదారి యొక్క మలుపులు ఎంత చురుకుగా ఉండాలి?

- రహదారి యొక్క ట్రాఫిక్ నియంత్రణ: రహదారిపై ట్రాఫిక్‌ను ఎలా నియంత్రించాలి?

వంతెలు

వంతెలు రహదారులు, రైల్వేలు మరియు ఇతర రవాణా మార్గాలను నదులు, కాలువలు లేదా ఇతర అవరోధాలపై దాటడానికి అనుమతిస్తాయి. వంతెలు సమర్థవంతమైన కదలికను నిర్వహించడంలో ముఖ్యమైన పాత్ర పోషిస్తాయి.

జ్యామితీయ రూపకల్పన కళను నేర్చుకోవడం: రవాణా వ్యవస్థలలో భద్రత, సామర్థ్యం మరియు సౌందర్యం

రవాణా వ్యవస్థలు మన జీవితంలో ఒక ముఖ్యమైన పాత్ర పోషిస్తాయి. అవి మనల్ని ఒకచోట నుండి మరొకచోట తీసుకెళ్తాయి, మనకు అవసరమైన వస్తువులను మనకు అందిస్తాయి, మరియు మన ఆర్థిక వ్యవస్థను ముందుకు నడిపిస్తాయి. రవాణా వ్యవస్థలు సురక్షితంగా, సమర్థవంతంగా మరియు సౌందర్యపూర్ణంగా ఉండటం ముఖ్యం.

జ్యామితీయ రూపకల్పన అనేది రవాణా వ్యవస్థలను రూపొందించడంలో ఒక ముఖ్యమైన అంశం. జ్యామితీయ రూపకల్పన యొక్క కళను అర్థం చేసుకోవడం ద్వారా, మనం రవాణా వ్యవస్థలను మరింత సురక్షితంగా, సమర్థవంతంగా మరియు సౌందర్యపూర్ణంగా చేయగలము.

భద్రత

రవాణా వ్యవస్థలు సురక్షితంగా ఉండటం చాలా ముఖ్యం. జ్యామితీయ రూపకల్పన యొక్క కళను ఉపయోగించి, మనం రవాణా వ్యవస్థలను మరింత సురక్షితంగా చేయగలము. ఉదాహరణకు, మనం రహదారులను మరింత వెడల్పుగా మరియు గుండ్రని తిరిగే మార్గాలను రూపొందించవచ్చు. ఇది వాహనాలు ఒకదానితో ఒకటి ఢీకొనే ప్రమాదాన్ని తగ్గిస్తుంది.

సామర్థ్యం

రవాణా వ్యవస్థలు సమర్థవంతంగా ఉండటం కూడా ముఖ్యం. జ్యామితీయ రూపకల్పన యొక్క కళను ఉపయోగించి, మనం రవాణా వ్యవస్థలను మరింత సమర్థవంతంగా చేయగలము.

ఉదాహరణకు, మనం రహదారులను మరింత సమర్ధవంతంగా ఉపయోగించేలా రూపొందించవచ్చు. ఇది రవాణా వ్యవస్థల ద్వారా వస్తువులు మరియు వ్యక్తులను మరింత సమర్ధవంతంగా మార్గనిర్దేశం చేయడంలో సహాయపడుతుంది.

సౌందర్యం

రవాణా వ్యవస్థలు సౌందర్యంగా ఉండటం కూడా ముఖ్యం. జ్యామితీయ రూపకల్పన యొక్క కళను ఉపయోగించి, మనం రవాణా వ్యవస్థలను మరింత సౌందర్యంగా చేయగలము. ఉదాహరణకు, మనం రహదారులను మరింత ఆకర్షణీయంగా కనిపించేలా రూపొందించవచ్చు. ఇది ప్రజలు వారి పట్టణాలను మరింత ఆనందించడంలో సహాయపడుతుంది.

బ్లూప్రింట్ల నుండి వాస్తవికతకు వెళ్లడం: పైపుల, వంతెలు మరియు టన్నెళ్ళ కోసం నిర్మాణ సామగ్రి మరియు పద్ధతులు

రవాణా వ్యవస్థలు మన జీవితంలో ఒక ముఖ్యమైన పాత్ర పోషిస్తాయి. అవి మనల్ని ఒకచోట నుండి మరొకచోట తీసుకెళ్తాయి, మనకు అవసరమైన వస్తువులను మనకు అందిస్తాయి, మరియు మన ఆర్థిక వ్యవస్థను ముందుకు నడిపిస్తాయి.

రవాణా వ్యవస్థలలో పైపులు, వంతెలు మరియు టన్నెలు చాలా ముఖ్యమైన అంశాలు. అవి నీరు, నూనె, వాయువు మరియు ఇతర వస్తువులను రవాణా చేయడానికి ఉపయోగించబడతాయి. అవి రవాణా వ్యవస్థలను సురక్షితంగా మరియు సమర్థవంతంగా ఉంచడంలో సహాయపడతాయి.

పైపుల నిర్మాణం

పైపులను వివిధ రకాల పదార్థాలతో తయారు చేయవచ్చు. సాధారణ పదార్థాలు ఇనుము, స్టీల్, సిమెంట్, పివిసి మరియు ప్లాస్టిక్. పైపుల ఆకారం మరియు పరిమాణం వాటిని ఉపయోగించే ప్రయోజనంపై ఆధారపడి ఉంటుంది.

పైపులను నిర్మించడానికి అనేక రకాల పద్ధతులు ఉన్నాయి. సాధారణ పద్ధతులు ఇవి:

- కొలిచిన పైపులను ఉపయోగించడం: ఈ పద్ధతిలో, పైపులను ముందుగానే కొలిచి, తయారు చేయబడతాయి. తరువాత, అవి నిర్మాణ ప్రదేశానికి

తరలించబడతాయి మరియు వాటిని ఉంచడానికి ఉపయోగించబడే పరికరాలకు అనుసంధానించబడతాయి.

- మొక్కల ద్వారా పైపులను వేయడం: ఈ పద్ధతిలో, పైపులను ఒకేసారి నిర్మాణ ప్రదేశంలో వేయబడతాయి. ఈ పద్ధతిని సాధారణంగా పెద్ద పైపులను వేయడానికి ఉపయోగిస్తారు.

మొక్కల ద్వారా పైపులను వేయడం

వంతెలు నిర్మాణం

వంతెలు రవాణా వ్యవస్థలను రోడ్లు, రైళ్లు మరియు నదులను దాటడానికి సహాయపడతాయి. వంతెలు వివిధ రకాల పదార్థాలతో తయారు చేయవచ్చు. సాధారణ పదార్థాలు ఇనుము, స్టీల్, సిమెంట్, మరియు రాయి. వంతెలు యొక్క ఆకారం మరియు పరిమాణం వాటిని ఉపయోగించే ప్రయోజనంపై ఆధారపడి ఉంటుంది.

ట్రాఫిక్ ప్రవాహాన్ని ఆప్టిమైజేషన్ చేయడం: ఇంటెలిజెంట్ రవాణా వ్యవస్థలు, ట్రాఫిక్ ఇంజనీరింగ్ మరియు భవిష్యత్తు ధోరణులు

ట్రాఫిక్ జామ్‌లు అనేవి పట్టణాలలో ప్రధాన సమస్యలలో ఒకటి. అవి ప్రయాణ సమయాన్ని పెంచుతాయి, ఇంధనాన్ని వృథా చేస్తాయి మరియు వాయు కాలుష్యాన్ని పెంచుతాయి. ట్రాఫిక్ ప్రవాహాన్ని ఆప్టిమైజేషన్ చేయడం ద్వారా, ఈ సమస్యలను తగ్గించవచ్చు మరియు పట్టణాలను మరింత సౌకర్యవంతంగా మరియు సమర్థవంతంగా చేయవచ్చు.

ట్రాఫిక్ ప్రవాహాన్ని ఆప్టిమైజేషన్ చేయడానికి అనేక మార్గాలు ఉన్నాయి. వాటిలో కొన్ని:

- ఇంటెలిజెంట్ రవాణా వ్యవస్థలు (ITS): ITS అనేవి రవాణా వ్యవస్థలను మరింత సమర్థవంతంగా మరియు సురక్షితంగా చేయడానికి రూపొందించిన సాంకేతికతలు. ITS యొక్క కొన్ని ఉటుపరణలు సెన్సార్లు, కెమెరాలు మరియు డేటా కేంద్రాలు. ఈ సాంకేతికతలను ఉపయోగించి, ట్రాఫిక్ పరిస్థితులను నియంత్రించవచ్చు మరియు ప్రయాణికులకు మరింత సమర్థవంతమైన మార్గాలను అందించవచ్చు.

- ట్రాఫిక్ ఇంజనీరింగ్: ట్రాఫిక్ ఇంజనీరింగ్ అనేది ట్రాఫిక్ ప్రవాహాన్ని మెరుగుపరచడానికి రోడ్లు, ఫ్లైఓవర్లు మరియు ఇతర రవాణా మౌలిక సదుపాయాలను రూపొందించడం మరియు నిర్వహించడం. ట్రాఫిక్ ఇంజనీరింగ్ యొక్క కొన్ని ఉదాహరణలు ఫ్లైఓవర్లు, ట్రాఫిక్ లైట్లు మరియు ఫాస్ట్ ట్రాక్ లైన్లు. ఈ మౌలిక సదుపాయాలను ఉపయోగించి, ట్రాఫిక్ ప్రవాహాన్ని

మరింత సమర్థవంతంగా మరియు సురక్షితంగా చేయవచ్చు.

భవిష్యత్తులో, ట్రాఫిక్ ప్రవాహాన్ని ఆప్టిమైజేషన్ చేయడానికి కొత్త పద్ధతులు అభివృద్ధి చెందుతాయి. ఈ పద్ధతులలో కొన్ని:

- వ్యక్తిగత వాహనాల ఆటోమేషన్: వ్యక్తిగత వాహనాల ఆటోమేషన్ అనేది వాహనాలు స్వయంగా నడపగలవి. వ్యక్తిగత వాహనాల ఆటోమేషన్ ద్వారా, ట్రాఫిక్ జామ్‌లను తగ్గించవచ్చు మరియు రోడ్లను మరింత సమర్థవంతంగా ఉపయోగించవచ్చు.

- కృత్రిమ మేధస్సు (AI): AI ను ఉపయోగించి, ట్రాఫిక్ ప్రవాహాన్ని మరింత సమర్థవంతంగా మరియు సురక్షితంగా నిర్వహించవచ్చు.

అధ్యాయం 4: నీటిని కట్టడి చేయడం: జల వనరులు మరియు పర్యావరణ సామరస్యం

జల చక్రాన్ని అర్థం చేసుకోవడం: నీటి ప్రవాహం, వరదలు మరియు కరువుల నిర్వహణ

జల చక్రం అనేది భూమి యొక్క ఉపరితలం, వాతావరణం మరియు భూగర్భం యొక్క మధ్య నీటి నిరంతర కదలికను వివరిస్తుంది. ఈ ప్రక్రియలో, నీరు బాష్పీభవనం చెందుతుంది, మేఘాలలో ఘనీభవిస్తుంది, వర్షం లేదా మంచుగా కురుస్తుంది, భూమిపైకి వస్తుంది మరియు నదులు, సముద్రాలు మరియు ఇతర నీటి వనరులలోకి ప్రవహిస్తుంది. ఈ ప్రక్రియ భూమిపై జీవితానికి అవసరమైన నీటిని నిర్వహించడంలో సహాయపడుతుంది.

నీటి ప్రవాహం

నీటి ప్రవాహం అనేది నీటిని భూమిపై ఒక ప్రదేశం నుండి మరోక ప్రదేశానికి తరలించే ప్రక్రియ. నీటి ప్రవాహం అనేక రూపాల్లో ఉండవచ్చు, వీటిలో వర్షం, మంచు, నదులు, సముద్రాలు మరియు భూగర్భ జలాలు ఉన్నాయి.

వర్షం అనేది భూమిపైకి వర్షించే నీటి యొక్క ఒక రూపం. వర్షం భూమిపైకి నీటిని తీసుకువచ్చి, నదులు, సముద్రాలు మరియు భూగర్భ జలాలను నింపుతుంది.

మంచు అనేది భూమిపైకి వచ్చే నీటి యొక్క మరొక రూపం. మంచు భూమిపైకి నీటిని తీసుకువస్తుంది మరియు కరువు సమయంలో నీటి వనరుగా ఉపయోగించవచ్చు.

నదులు అనేవి నీటిని ఒక ప్రదేశం నుండి మరొక ప్రదేశానికి తరలించే నీటి ప్రవాహాల యొక్క ఒక రూపం. నదులు భూమిపైకి వచ్చిన నీటిని సముద్రాలకు తీసుకువస్తాయి.

సముద్రాలు అనేవి భూమి యొక్క ఉపరితలంపై ఉన్న నీటి యొక్క ఒక పెద్ద భాగం. సముద్రాలు భూమిపైకి వచ్చిన నీటిని నింపుతాయి మరియు మానవులకు ఆహారం మరియు ఇతర వనరులను అందిస్తాయి.

భూగర్భ జలాలు అనేవి భూమి యొక్క ఉపరితలం క్రింద ఉన్న నీటి యొక్క ఒక రూపం. భూగర్భ జలాలు మానవులకు తాగునీటి మూలంగా ఉపయోగించబడతాయి.

వరదలు మరియు కరువులు

వరదలు మరియు కరువులు అనేవి జల చక్రంలోని అసమతుల్యతల ఫలితంగా సంభవించే రెండు ప్రధాన పరిస్థితులు.

వరదలు అనేవి భూమిపైకి వచ్చిన నీటి యొక్క అధిక మొత్తం వల్ల సంభవించే ఒక పరిస్థితి. వరదలు వ్యవసాయ నష్టం, రోడ్డు మరియు ఇంటి విధ్వంసం మరియు మరణానికి కారణమవుతాయి.

జీవితం కోసం రూపొందించడం: నీటి సరఫరా మరియు పారిశుధ్య వ్యవస్థలు, అందరికీ శుభ్రమైన నీరు మరియు పారిశుధ్యం

పరిచయం

నీరు మరియు పారిశుధ్యం మానవ జీవితానికి అవసరమైన ప్రాథమిక అవసరాలు. శుభ్రమైన నీరు మరియు పారిశుధ్యం లేకుండా, మనం ఆరోగ్యంగా ఉండలేము, మనం మన జీవితాన్ని పూర్తిగా గడపలేము.

ప్రపంచవ్యాప్తంగా, 2.2 బిలియన్ మంది ప్రజలు శుభ్రమైన నీరు లేకుండా జీవిస్తున్నారు. 4.2 బిలియన్ మంది ప్రజలు మెరుగైన పారిశుధ్యం లేకుండా జీవిస్తున్నారు. ఈ పరిస్థితి ఆరోగ్య సమస్యలు, పేదరికం మరియు అభివృద్ధిని అడ్డుకుంటుంది.

నీటి సరఫరా మరియు పారిశుధ్య వ్యవస్థలు

నీటి సరఫరా మరియు పారిశుధ్య వ్యవస్థలు ప్రజలకు శుభ్రమైన నీరు మరియు పారిశుధ్యాన్ని అందించడానికి రూపొందించబడ్డాయి. ఈ వ్యవస్థలు నీటిని సేకరించడం, శుద్ధి చేయడం మరియు పంపిణీ చేయడం, మరియు మలమూత్రాలను సేకరించడం, శుద్ధి చేయడం మరియు విసర్జించడం వంటి పనులను చేస్తాయి.

నీటి సరఫరా మరియు పారిశుధ్య వ్యవస్థలు అనేక రకాలుగా ఉంటాయి. కొన్ని వ్యవస్థలు చాలా సాంప్రదాయికమైనవి, మరికొన్ని మరింత ఆధునికమైనవి. వ్యవస్థ యొక్క రకం

దానిని నిర్మించడానికి మరియు నిర్వహించడానికి అవసరమైన ఖర్చుపై ప్రభావం చూపుతుంది.

శుభ్రమైన నీటి మరియు పారిశుధ్యం యొక్క ప్రయోజనాలు

శుభ్రమైన నీరు మరియు పారిశుధ్యం అనేక ప్రయోజనాలను కలిగి ఉంటాయి. వీటిలో:

- ఆరోగ్యం: శుభ్రమైన నీరు మరియు పారిశుధ్యం వలన కడుపునొప్పి, విరేచనాలు, మలేరియా, డయేరియా మరియు ఇతర వ్యాధుల వంటి వ్యాధుల ప్రమాదం తగ్గుతుంది.

- అభివృద్ధి: శుభ్రమైన నీరు మరియు పారిశుధ్యం వలన పిల్లల అభివృద్ధి, విద్య, ఉపాధి మరియు ఆర్థిక అభివృద్ధి వంటి అంశాలపై ప్రయోజనకరమైన ప్రభావం చూపుతుంది.

- సమానత్వం: శుభ్రమైన నీరు మరియు పారిశుధ్యం వలన అన్ని వర్గాల ప్రజలకు సమాన అవకాశాలు మరియు అభివృద్ధిని అందించడంలో సహాయపడుతుంది.

మన గ్రహాన్ని రక్షించడం: పర్యావరణ ప్రభావ అంచనా, తగ్గింపు వ్యూహాలు మరియు స్థిరమైన అభివృద్ధి

పరిచయం

మన గ్రహం భూమి అనేది మనందరికీ ఒకే ఒక ఇల్లు. ఇది మనకు అన్ని జీవన అవసరాలను అందిస్తుంది. కానీ మన చర్యల వల్ల భూమి పర్యావరణం దెబ్బతింటోంది. వాతావరణ మార్పు, హిమాలయాలు కరిగిపోవడం, సముద్ర మట్టం పెరగడం, వన్యప్రాణులు అంతరించడం వంటి అనేక పర్యావరణ సమస్యలు మనం ఎదుర్కొంటున్నాము.

ఈ పర్యావరణ సమస్యలను పరిష్కరించడానికి మనం కలిసి కృషి చేయాలి. పర్యావరణ ప్రభావ అంచనా, తగ్గింపు వ్యూహాలు మరియు స్థిరమైన అభివృద్ధి వంటి అంశాలపై దృష్టి పెట్టాలి.

పర్యావరణ ప్రభావ అంచనా (EIA)

ఏదైనా కార్యకలాపం భూమి పర్యావరణంపై ఎలాంటి ప్రభావాన్ని చూపుతుందో అంచనా వేయడానికి పర్యావరణ ప్రభావ అంచనా (EIA) నిర్వహిస్తారు. ఈ అంచనాలో, కార్యకలాపం వల్ల ఏమి జరుగుతుంది, దాని వల్ల పర్యావరణానికి ఎలాంటి నష్టం జరుగుతుంది, ఆ నష్టాన్ని ఎలా నివారించవచ్చు లేదా తగ్గించవచ్చు వంటి అంశాలను పరిగణనలోకి తీసుకుంటారు.

EIA నిర్వహించడం ద్వారా, భూమి పర్యావరణంపై ఏదైనా కార్యకలాపం వల్ల కలిగే ప్రభావాన్ని ముందస్తుగా అంచనా వేయవచ్చు. దీని వల్ల ఆ కార్యకలాపాన్ని నిర్వహించడం వల్ల

కలిగే నష్టాన్ని తగ్గించడానికి లేదా నివారించడానికి చర్యలు తీసుకోవచ్చు.

తగ్గింపు వ్యూహాలు

పర్యావరణ సమస్యలను పరిష్కరించడానికి తగ్గింపు వ్యూహాలు చాలా ముఖ్యం. ఈ వ్యూహాల ద్వారా, పర్యావరణానికి నష్టం కలిగించే కార్యకలాపాలను తగ్గించవచ్చు లేదా నివారించవచ్చు.

తగ్గింపు వ్యూహాల కొన్ని ఉదాహరణలు:

- పునర్వినియోగం మరియు రీసైక్లింగ్‌ను ప్రోత్సహించడం ద్వారా వ్యర్థాలను తగ్గించడం

- శక్తిని సమర్థవంతంగా ఉపయోగించడం ద్వారా శక్తి వినియోగాన్ని తగ్గించడం

- వాహనాల వాడకాన్ని తగ్గించడం

- కాలుష్యకరమైన పరిశ్రమలను నియంత్రించడం

నీలి విప్లవాన్ని స్వీకరించడం: నీటి శుద్ధీకరణ, పునర్వినియోగం మరియు డీసాలినేషన్‌లో నవీనమైన సాంకేతికతలు

పరిచయం

నీరు జీవితానికి అవసరమైన అత్యవసరమైన అంశం. మానవులు, మొక్కలు మరియు జంతువులు అన్నింటికీ నీరు అవసరం. అయితే, ప్రపంచవ్యాప్తంగా నీటి కొరత పెరుగుతోంది. 2050 నాటికి ప్రపంచ జనాభా 9.7 బిలియన్లకు చేరుకుంటుందని అంచనా. ఈ పెరుగుదలకు అనుగుణంగా నీటి అవసరం కూడా పెరుగుతుంది.

నీటి కొరతను ఎదుర్కోవడానికి మరియు నీటిని మరింత సమర్థవంతంగా ఉపయోగించడానికి, నీటి శుద్ధీకరణ, పునర్వినియోగం మరియు డీసాలినేషన్‌లో నవీనమైన సాంకేతికతలను అభివృద్ధి చేయడం ముఖ్యం. ఈ సాంకేతికతలు నీటిని శుద్ధ చేయడానికి, దాసిని మళ్ల ఉపయోగించడానికి మరియు ఉప్పునీటిని త్రాగునీరుగా మార్చడానికి సహాయపడతాయి.

నీటి శుద్ధీకరణ

నీటి శుద్ధీకరణ అనేది నీటిలోని హానికరమైన పదార్థాలను తొలగించడం. నీటిని శుద్ధ చేయడానికి అనేక రకాల పద్ధతులు ఉన్నాయి. వీటిలో కొన్ని:

- భౌతిక పద్ధతులు: ఈ పద్ధతులు నీటిలోని హానికరమైన పదార్థాలను భౌతికంగా తొలగిస్తాయి. ఉదాహరణకు, ఫిల్టరేషన్, సిస్టమాటిక్ డెప్త్

ఫిల్ట్రేషన్ (SDF), మరియు యాక్టివేటెడ్ కార్బన్ ఫిల్ట్రేషన్ వంటి పద్ధతులు నీటిలోని మురికిని, మురుగునీటిని మరియు ఇతర ఘనపదార్థాలను తొలగిస్తాయి.

- రసాయన పద్ధతులు: ఈ పద్ధతులు నీటిలోని హానికరమైన పదార్థాలను రసాయన చర్యల ద్వారా తొలగిస్తాయి. ఉదాహరణకు, క్లోరినేషన్, అయానీకరణ, మరియు క్లోరామైన్ జనరేషన్ వంటి పద్ధతులు నీటిలోని బ్యాక్టీరియా మరియు వైరస్‌లను చంపుతాయి.

- జీవసంబంధ పద్ధతులు: ఈ పద్ధతులు నీటిలోని హానికరమైన పదార్థాలను బ్యాక్టీరియా మరియు ఇతర జీవులను ఉపయోగించి తొలగిస్తాయి. ఉదాహరణకు, అక్టివేటెడ్ సేంద్రియ పదార్థం (AOP) పద్ధతులు నీటిలోని హైడ్రోకార్బన్‌లు మరియు ఇతర కలుషితాలను తొలగిస్తాయి.

అధ్యాయం 5: శ్రేష్ఠతతో నిర్మాణం: నిర్మాణ నిర్వహణ మరియు అమలు

బ్లూప్రింట్ నుండి గ్రౌండ్‌బ్రేకింగ్ వరకు: ప్రాజెక్ట్ ప్లానింగ్, షెడ్యూలింగ్ మరియు ఖర్చు అంచనా

పరిచయం

ప్రతి ప్రాజెక్ట్‌ను విజయవంతంగా పూర్తి చేయడానికి, ముందస్తు ప్రణాళిక, షెడ్యూలింగ్ మరియు ఖర్చు అంచనా అవసరం. ఈ ప్రక్రియలను బ్లూప్రింట్ నుండి గ్రౌండ్‌బ్రేకింగ్ వరకు ప్రాజెక్ట్ జీవిత చక్రం అంతటా నిర్వహించాలి.

బ్లూప్రింట్

ప్రతి ప్రాజెక్ట్ యొక్క ప్రారంభ దశ బ్లూప్రింట్. ఈ దశలో, ప్రాజెక్ట్ యొక్క లక్ష్యాలు, కార్యక్రమాలు, మరియు బడ్జెట్‌ను నిర్వచించబడుతుంది. బ్లూప్రింట్‌ను రూపొందించడానికి, ప్రాజెక్ట్ నిర్వాహకులు కింది అంశాలను పరిగణించాలి:

- ప్రాజెక్ట్ యొక్క లక్ష్యాలు మరియు ప్రాధాన్యతలు
- ప్రాజెక్ట్ యొక్క పరిధి మరియు పరిమితులు
- ప్రాజెక్ట్ యొక్క టైమ్‌లైన్ మరియు బడ్జెట్
- ప్రాజెక్ట్ యొక్క అవసరాలు మరియు డిమాండ్‌లు

ప్లానింగ్

బ్లూప్రింట్ రూపొందించబడిన తర్వాత, ప్రాజెక్ట్ ప్లానింగ్ ప్రారంభమవుతుంది. ఈ దశలో, ప్రాజెక్ట్ యొక్క వివరణాత్మక పథకం అభివృద్ధి చేయబడుతుంది. ప్రాజెక్ట్ ప్లాన్‌లో సాధారణంగా కింది అంశాలు ఉంటాయి:

- ప్రాజెక్ట్ యొక్క కార్యాచరణ మరియు టైమ్‌లైన్
- ప్రాజెక్ట్ యొక్క వనరులు మరియు బడ్జెట్
- ప్రాజెక్ట్ యొక్క ప్రమాదాలు మరియు అవకాశాలు

షెడ్యూలింగ్

ప్రణాళిక రూపొందించబడిన తర్వాత, ప్రాజెక్ట్ షెడ్యూలింగ్ ప్రారంభమవుతుంది. ఈ దశలో, ప్రాజెక్ట్ యొక్క అన్ని కార్యకలాపాలను సమయానికి పూర్తి చేయడానికి అవసరమైన టైమ్‌లైన్ అభివృద్ధి చేయబడుతుంది. ప్రాజెక్ట్ షెడ్యూల్‌ను రూపొందించడానికి, ప్రాజెక్ట్ నిర్వాహకులు కింది అంశాలను పరిగణించాలి:

- ప్రాజెక్ట్ యొక్క కార్యాచరణ మరియు అవసరాలు
- ప్రాజెక్ట్ యొక్క వనరులు మరియు బడ్జెట్
- ప్రాజెక్ట్ యొక్క ప్రమాదాలు మరియు అవకాశాలు

ఖర్చు అంచనా

ప్రణాళిక మరియు షెడ్యూలింగ్ తర్వాత, ప్రాజెక్ట్ ఖర్చు అంచనా ప్రారంభమవుతుంది. ఈ దశలో, ప్రాజెక్ట్ పూర్తి చేయడానికి అవసరమైన ఖర్చును అంచనా వేయబడుతుంది.

సరైన సాధనాలను ఎంచుకోవడం: వివిధ ప్రాజెక్ట్‌ల కోసం నిర్మాణ పద్ధతులు మరియు పరికరాలు

ప్రతి నిర్మాణ ప్రాజెక్ట్ యొక్క విజయం అనేక అంశాలపై ఆధారపడి ఉంటుంది, వాటిలో సరైన సాధనాలను ఎంచుకోవడం ఒకటి. సరైన సాధనాలను ఉపయోగించడం వలన పనులను మరింత సమర్థవంతంగా మరియు సురక్షితంగా పూర్తి చేయడానికి సహాయపడుతుంది.

నిర్మాణ పద్ధతులు మరియు పరికరాలు

నిర్మాణ పనులను పూర్తి చేయడానికి అనేక రకాల పద్ధతులు మరియు పరికరాలు అందుబాటులో ఉన్నాయి. ప్రాజెక్ట్ యొక్క పరిమాణం, స్వభావం మరియు బడ్జెట్‌ను బట్టి సరైన పద్ధతులు మరియు పరికరాలను ఎంచుకోవడం ముఖ్యం.

చిన్న ప్రాజెక్ట్‌ల కోసం

చిన్న ప్రాజెక్ట్‌ల కోసం, సాధారణంగా సాధారణ సాధనాలు మరియు పరికరాలను ఉపయోగించవచ్చు. ఈ పరికరాలలో కొన్ని:

- గొడవలు
- హెక్సాగన్ కీలు
- స్క్రూడ్రైవర్లు
- హామర్లు
- టేప్ మెజర్లు
- స్థిరంగా ఉంచే ప్లేట్లు

- (స్కూలు
- నట్లు

పెద్ద ప్రాజెక్ట్ల కోసం

పెద్ద ప్రాజెక్ట్ల కోసం, మరింత అధునాతన పద్ధతులు మరియు పరికరాలు అవసరం కావచ్చు. ఈ పరికరాలలో కొన్ని:

- క్రేన్లు
- డ్రాగ్‌లైన్లు
- స్కేల్స్
- టెస్ట్ ఇన్‌స్ట్రుమెంటేషన్
- పెయింట్‌స్ప్రేయర్లు
- డ్రిబిడ్జర్లు

వివిధ రకాల నిర్మాణ పనుల కోసం సాధనాలు

వివిధ రకాల నిర్మాణ పనుల కోసం ప్రత్యేక సాధనాలు అందుబాటులో ఉన్నాయి. ఉదాహరణకు, ఇటుకలను వేయడానికి ఇటుకల పెట్టెలు మరియు ఇటుకల పదునుపరచే పరికరాలు అవసరం. సిమెంట్‌తో పని చేయడానికి సిమెంట్ మిక్సర్లు మరియు ట్రేలర్లు అవసరం. మరియు టైల్‌లను ఏర్పాటు చేయడానికి టైల్ క్రీం మరియు టైల్ హ్యామర్లు అవసరం.

సరైన సాధనాలను ఎంచుకోవడానికి చిట్కాలు

సరైన సాధనాలను ఎంచుకోవడానికి కొన్ని చిట్కాలు ఇక్కడ ఉన్నాయి:

- ప్రాజెక్ట్ యొక్క పరిమాణం, స్వభావం మరియు బడ్జెట్ను పరిగణించండి.

- ప్రాజెక్ట్లో చేయవలసిన ప్రత్యేక పనులను గుర్తించండి.

- ప్రొఫెషనల్ నిర్మాణ నిపుణుడి నుండి సలహా తీసుకోండి.

నాణ్యతను నిర్ధారించడం: నిర్మాణంలో నాణ్యత నియంత్రణ మరియు భరోసా పద్ధతులు

నిర్మాణంలో నాణ్యత అనేది నిర్మాణ పనులను అవసరమైన ప్రమాణాలకు అనుగుణంగా పూర్తి చేయడం. నాణ్యమైన నిర్మాణం జీవితకాలం పొడవునా శక్తివంతంగా మరియు భద్రంగా ఉంటుంది.

నాణ్యతను నిర్ధారించడానికి, నిర్మాణంలో నాణ్యత నియంత్రణ మరియు భరోసా పద్ధతులు ఉపయోగించబడతాయి. నాణ్యత నియంత్రణ అనేది నిర్మాణ ప్రక్రియలో నాణ్యతను నిర్వహించడానికి ఉపయోగించే పద్ధతులు. నాణ్యత భరోసా అనేది నాణ్యతను ముందుగానే నిర్ధారించడానికి ఉపయోగించే పద్ధతులు.

నాణ్యత నియంత్రణ పద్ధతులు

నాణ్యత నియంత్రణ పద్ధతులు నిర్మాణ ప్రక్రియలో నాణ్యతను నిర్వహించడానికి ఉపయోగించే పద్ధతులు. ఈ పద్ధతులలో కొన్ని:

- ప్రాజెక్ట్ ప్లాన్‌లను రూపొందించడం: ప్రాజెక్ట్ ప్లాన్‌లు నిర్మాణ ప్రక్రియలో నాణ్యతను నిర్ధారించడానికి అవసరమైన అంశాలను నిర్వచిస్తాయి.

- స్పెసిఫికేషన్‌లను రూపొందించడం: స్పెసిఫికేషన్‌లు నిర్మాణ పనులకు అవసరమైన ప్రమాణాలను నిర్వచిస్తాయి.

- మెట్రిక్‌లను అభివృద్ధి చేయడం: మెట్రిక్‌లు నిర్మాణ ప్రక్రియలో నాణ్యతను కొలవడానికి ఉపయోగించబడతాయి.

- మోనిటరింగ్ మరియు తనిఖీలు చేయడం: నిర్మాణ ప్రక్రియలో నాణ్యతను నిర్వహించడానికి మోనిటరింగ్ మరియు తనిఖీలు నిర్వహించబడతాయి.

నాణ్యత భరోసా పద్ధతులు

నాణ్యత భరోసా పద్ధతులు నిర్మాణ ప్రక్రియలో నాణ్యతను ముందుగానే నిర్ధారించడానికి ఉపయోగించే పద్ధతులు. ఈ పద్ధతులలో కొన్ని:

- నాణ్యత భరోసా ప్రణాళికలను రూపొందించడం: నాణ్యత భరోసా ప్రణాళికలు నిర్మాణ ప్రక్రియలో నాణ్యతను నిర్ధారించడానికి అవసరమైన అంశాలను నిర్వచిస్తాయి.

- నాణ్యత భరోసా వ్యవస్థలను అభివృద్ధి చేయడం: నాణ్యత భరోసా వ్యవస్థలు నాణ్యతను నిర్ధారించడానికి అవసరమైన విధానాలు మరియు ప్రక్రియలను నిర్వచిస్తాయి.

- నాణ్యత భరోసా నిర్వహణను అమలు చేయడం: నాణ్యత భరోసా నిర్వహణ నాణ్యత భరోసా వ్యవస్థలను అమలు చేయడానికి మరియు నిర్వహించడానికి అవసరమైన విధానాలు మరియు ప్రక్రియలను నిర్వచిస్తుంది.

నాణ్యతను నిర్ధారించడం: నిర్మాణంలో నాణ్యత నియంత్రణ మరియు భరోసా పద్ధతులు

నిర్మాణం అనేది ఒక క్లిష్టమైన ప్రక్రియ, ఇది అనేక అంశాలను కలిగి ఉంటుంది. ఈ అంశాలలో నాణ్యత ఒక ముఖ్యమైన అంశం. నాణ్యమైన నిర్మాణం అనేది భద్రమైన, మన్నికైన మరియు కార్యకలాపాలకు అనుగుణంగా ఉండే నిర్మాణం.

నిర్మాణంలో నాణ్యతను నిర్ధారించడానికి రెండు ప్రధాన పద్ధతులు ఉన్నాయి: నాణ్యత నియంత్రణ మరియు నాణ్యత భరోసా.

నాణ్యత నియంత్రణ అనేది నిర్మాణ ప్రక్రియలోని అన్ని అంశాలను పర్యవేక్షించడం మరియు నిర్ధారించడం. ఇది నిర్మాణం యొక్క ప్రతి దశలో నాణ్యత ప్రమాణాలను సంతృప్తికరంగా ఉందని నిర్ధారించడానికి ఉపయోగించబడుతుంది.

నాణ్యత భరోసా అనేది నాణ్యత నిర్ధారణకు ఒక వ్యూహం. ఇది నిర్మాణ ప్రక్రియలో నాణ్యతను నిర్ధారించడానికి అవసరమైన చర్యలను నిర్ణయించడానికి ఉపయోగించబడుతుంది.

నిర్మాణంలో నాణ్యతను నిర్ధారించడానికి కొన్ని సాధారణ పద్ధతులు ఇక్కడ ఉన్నాయి:

- డిజైన్ నాణ్యతను నిర్ధారించడానికి, నిర్మాణం యొక్క అవసరాలు మరియు అంచనాలను స్పష్టంగా అర్థం చేసుకోవడం ముఖ్యం.

- సరఫరాదారుల నాణ్యతను నిర్ధారించడానికి, నిర్మాణంలో ఉపయోగించే అన్ని పదార్థాలు మరియు

సేవలు అవసరమైన నాణ్యత ప్రమాణాలను కలిగి ఉన్నాయని నిర్ధారించుకోవడం ముఖ్యం.

* నిర్మాణ ప్రక్రియను నిర్వహించడానికి, నాణ్యత ప్రమాణాలను సంతృప్తికరంగా ఉంచడానికి అవసరమైన మార్గదర్శకాలు మరియు నియమాలను అభివృద్ధి చేయడం ముఖ్యం.

* నిర్మాణ నాణ్యతను పర్యవేక్షించడానికి మరియు మెరుగుపరచడానికి, నిర్మాణ ప్రక్రియలోని అన్ని అంశాలను పర్యవేక్షించడానికి సరియైన పద్ధతులను ఉపయోగించడం ముఖ్యం.

నిర్మాణంలో నాణ్యతను నిర్ధారించడం అనేది ఒక క్లిష్టమైన పని, కానీ ఇది ముఖ్యమైనది. నాణ్యమైన నిర్మాణం అనేది భద్రమైన, మన్నికైన మరియు కార్యకలాపాలకు అనుగుణంగా ఉండే నిర్మాణం. ఇది నిర్మాణ యజమానులకు, కార్మికులకు మరియు ప్రజలకు ఉపయోగకరంగా ఉంటుంది.

QA/QC యొక్క ప్రధాన లక్ష్యం ఏమిటంటే, భవనాలు లేదా ఇతర నిర్మాణాలు వాటి రూపకల్పన మరియు నిర్మాణ ప్రమాణాలకు అనుగుణంగా ఉంటాయని నిర్ధారించడం. ఇది భవనాల యొక్క భద్రత, నాణ్యత మరియు మన్నికను నిర్ధారించడంలో సహాయపడుతుంది.

QA/QC లోని కొన్ని సాధారణ పద్ధతులు:

* ప్రామాణికాలు మరియు నిర్మాణ ప్రమాణాలను అభివృద్ధి చేయడం: ఈ ప్రమాణాలు భవనాలు లేదా ఇతర నిర్మాణాల యొక్క నాణ్యతను నిర్దేశించడానికి ఉపయోగించబడతాయి.

* పనులను పరిశీలించడం: QA/QC నిపుణులు భవన నిర్మాణ ప్రక్రియను పరిశీలిస్తారు మరియు నాణ్యత

ప్రమాణాలను పాటించడం జరుగుతుందో లేదో నిర్ధారిస్తారు.

- పరీక్షలు మరియు పరీక్షలను నిర్వహించడం: భవనం లేదా ఇతర నిర్మాణం పూర్తయిన తర్వాత, QA/QC నిపుణులు దాని నాణ్యతను నిర్ధారించడానికి పరీక్షలు మరియు పరీక్షలను నిర్వహిస్తారు.

QA/QC అనేది నిర్మాణంలో ముఖ్యమైన భాగం. ఇది భవనాలు లేదా ఇతర నిర్మాణాలు సురక్షితంగా, నాణ్యంగా మరియు మన్నికైనవిగా ఉండటానికి సహాయపడుతుంది.

నాణ్యత భరోసాలోని కొన్ని ప్రధాన అంశాలు:

- నాణ్యత నిర్వహణ ప్లాన్: నాణ్యత నిర్వహణ ప్లాన్ అనేది నాణ్యతను నిర్ధారించడానికి నిర్మాణ ప్రక్రియలో అవసరమైన అన్ని చర్యలను నిర్వచించే ఒక పత్రం.

- నాణ్యత భరోసా పద్ధతులు: నాణ్యత భరోసా పద్ధతులు భవిష్యత్తులో నాణ్యతను నిర్ధారించడానికి ఉపయోగించే విధానాలు మరియు పద్ధతులను అందిస్తాయి.

- నాణ్యత సమాచార వ్యవస్థలు: నాణ్యత సమాచార వ్యవస్థలు నాణ్యత సమాచారాన్ని సేకరించడానికి, విశ్లేషించడానికి మరియు నివేదించడానికి ఉపయోగించే వ్యవస్థలు.

నిర్మాణంలో నాణ్యత నియంత్రణ మరియు భరోసా యొక్క ప్రయోజనాలు

నాణ్యత నియంత్రణ మరియు భరోసా యొక్క కొన్ని ప్రయోజనాలు:

- భవనం లేదా మౌలిక సదుపాయం యొక్క నాణ్యతను మెరుగుపరచడం.

- ఖర్చులను తగ్గించడం.

- సమయాన్ని తగ్గించడం.

- సురక్షతను మెరుగుపరచడం.

- అనుమతులను పొందడం సులభతరం చేయడం.

నిర్మాణంలో నాణ్యత నియంత్రణ మరియు భరోసా యొక్క అవసరం

భద్రతకు ప్రాధాన్యత ఇవ్వడం: రిస్క్ మేనేజ్‌మెంట్, ప్రమాద గుర్తింపు మరియు భద్రతా ప్రోటోకాల్లు

భద్రత అనేది ఏదైనా సంస్థ లేదా వ్యక్తి యొక్క ముఖ్యమైన అంశం. భద్రతను నిర్వహించడానికి, రిస్క్ మేనేజ్‌మెంట్, ప్రమాద గుర్తింపు మరియు భద్రతా ప్రోటోకాల్లను ఉపయోగించడం చాలా ముఖ్యం.

రిస్క్ మేనేజ్‌మెంట్ అనేది భద్రతా సమస్యలను గుర్తించడానికి మరియు వాటిని తగ్గించడానికి ఒక ప్రక్రియ. రిస్క్ మేనేజ్‌మెంట్ ప్రక్రియలో ఈ క్రింది దశలు ఉన్నాయి:

- రిస్క్ గుర్తింపు: భద్రతా సమస్యలను గుర్తించడం.

- రిస్క్ అంచనా: గుర్తించిన సమస్యల ప్రాముఖ్యతను అంచనా వేయడం.

- రిస్క్ తగ్గింపు: సమస్యలను తగ్గించడానికి చర్యలు తీసుకోవడం.

ప్రమాద గుర్తింపు అనేది భద్రతా సమస్యలకు దారితీసే కారకాలను గుర్తించడం. ప్రమాద గుర్తింపు ప్రక్రియలో ఈ క్రింది దశలు ఉన్నాయి:

- ప్రమాద కారకాల గుర్తింపు: భద్రతా సమస్యలకు దారితీసే కారకాలను గుర్తించడం.

- ప్రమాద కారకాల అంచనా: గుర్తించిన కారకాల ప్రాముఖ్యతను అంచనా వేయడం.

భద్రతా ప్రోటోకాల్లు అనేవి భద్రతను మెరుగుపరచడానికి రూపొందించిన నియమాలు మరియు విధానాలు. భద్రతా ప్రోటోకాల్లు ఈ క్రింది అంశాలను కవర్ చేస్తాయి:

- డేటా భద్రత: డేటాను రక్షించడానికి చర్యలు తీసుకోవడం.

- అవుట్‌సోర్సింగ్ భద్రత: అవుట్‌సోర్సింగ్ చేసిన సేవల భద్రతను నిర్వహించడం.

- ఫిజికల్ భద్రత: భౌతిక ఆస్తిని రక్షించడం.

- సిబ్బంది భద్రత: సిబ్బంది భద్రతను నిర్వహించడం.

భద్రతకు ప్రాధాన్యత ఇవ్వడానికి రిస్క్ మేనేజ్‌మెంట్, ప్రమాద గుర్తింపు మరియు భద్రతా ప్రోటోకాల్‌లను కలిపి ఉపయోగించడం చాలా ముఖ్యం. ఈ విధానాలను ఉపయోగించడం ద్వారా, సంస్థలు మరియు వ్యక్తులు తమ భద్రతను మెరుగుపరచడానికి మరియు హానిని నివారించడానికి సహాయపడతాయి.

Chapter 6: Advancing the Horizon: Emerging Trends and Future Directions

అధ్యాయం 6: క్షితిజ సమాన్ని పురోగమించడం: ఉద్భవిస్తున్న ధోరణులు మరియు భవిష్యత్తు దిశలు

స్మార్ట్ ఇన్‌ఫ్రాస్ట్రక్చర్: తెలివైన ఇన్‌ఫ్రాస్ట్రక్చర్ కోసం సాంకేతికత, సెన్సార్లు మరియు డేటా అనలిటిక్సును సమ్మైకృతం చేయడం

స్మార్ట్ ఇన్‌ఫ్రాస్ట్రక్చర్ అనేది సెన్సార్లు, కమ్యూనికేషన్ మరియు డేటా అనలిటిక్సును ఉపయోగించి సమాచార మరియు పనితీరును మెరుగుపరచడానికి ఇంజనీరింగ్ నిర్మాణాలు మరియు వ్యవస్థలను మార్చడం. ఇది భవిష్యత్తు యొక్క ఇన్‌ఫ్రాస్ట్రక్చర్‌ను రూపొందించడానికి ఒక శక్తివంతమైన సాధనం, ఇది మరింత సమర్థవంతంగా, స్థిరంగా మరియు సురక్షితంగా ఉంటుంది.

స్మార్ట్ ఇన్‌ఫ్రాస్ట్రక్చర్‌ను రూపొందించడానికి, మొదట సెన్సార్లను ఉపయోగించి నిర్మాణాలు మరియు వ్యవస్థల యొక్క పనితీరు గురించి సమాచారాన్ని సేకరించాలి. ఈ సమాచారం డేటా అనలిటిక్సును ఉపయోగించి విశ్లేషించబడుతుంది, ఇది సమస్యలను గుర్తించడానికి మరియు మెరుగుపరచడానికి అవకాశాలను కనుగొనడంలో సహాయపడుతుంది.

స్మార్ట్ ఇన్‌ఫ్రాస్ట్రక్చర్‌కు అనేక ఉదాహరణలు ఉన్నాయి. ఉదాహరణకు, నగరాలు స్మార్ట్ లైట్లను ఉపయోగించి శక్తిని

ఆదా చేయవచ్చు మరియు స్మార్ట్ ట్రాఫిక్ సిస్టమ్‌లను ఉపయోగించి ట్రాఫిక్ రద్దీని తగ్గించవచ్చు. పారిశ్రామిక సంస్థలు స్మార్ట్ పవర్ ప్లాంట్‌లను ఉపయోగించి శక్తిని ఆదా చేయవచ్చు మరియు స్మార్ట్ పరిశ్రమ 4.0 వ్యవస్థలను ఉపయోగించి ఉత్పాదకతను పెంచుకోవచ్చు.

స్మార్ట్ ఇన్‌ఫ్రాస్టక్చర్‌ను అమలు చేయడానికి అనేక సవాళ్లు ఉన్నాయి. వాటిలో ఒకటి సెన్సార్ల డేటాను సేకరించడం మరియు విశ్లేషించడం కోసం అవసరమైన సాంకేతికత మరియు నైపుణ్యాలను అభివృద్ధి చేయడం. మరొక సవాలు స్మార్ట్ ఇన్‌ఫ్రాస్టక్చర్ సిస్టమ్‌లను భద్రంగా ఉంచడం.

అయినప్పటికీ, స్మార్ట్ ఇన్‌ఫ్రాస్టక్చర్‌లోని ప్రయోజనాలు చాలా ఉన్నాయి. ఇది భవిష్యత్తు యొక్క ఇంజనీరింగ్ నిర్మాణాలు మరియు వ్యవస్థలను రూపొందించడానికి ఒక శక్తివంతమైన సాధనం, ఇది మరింత సమర్థవంతంగా, స్థిరంగా మరియు సురక్షితంగా ఉంటుంది.

స్మార్ట్ ఇన్‌ఫ్రాస్టక్చర్‌లోని కొన్ని సాధారణ ఉదాహరణలు:

- స్మార్ట్ ట్రాఫిక్ లైట్లు: ట్రాఫిక్ ప్రవాహాన్ని పర్యవేక్షించడానికి మరియు ట్రాఫిక్ సమస్యలను తగ్గించడానికి సెన్సార్లు మరియు డేటా అనలిటిక్స్‌ను ఉపయోగించే ట్రాఫిక్ లైట్లు.

  స్మార్ట్ ట్రాఫిక్ లైట్లు

- స్మార్ట్ విద్యుత్ వ్యవస్థలు: విద్యుత్ వినియోగాన్ని పర్యవేక్షించడానికి మరియు విద్యుత్ వృథాను తగ్గించడానికి సెన్సార్లు మరియు డేటా అనలిటిక్స్‌ను ఉపయోగించే విద్యుత్ వ్యవస్థలు.

స్మార్ట్ విద్యుత్ వ్యవస్థలు

- స్మార్ట్ భవనాలు: భవనాల లోపల మరియు బయట వాతావరణాన్ని పర్యవేక్షించడానికి మరియు భవనాల శక్తి సామర్ద్యాన్ని మెరుగుపరచడానికి సెన్సార్లు మరియు డేటా అనలిటిక్సును ఉపయోగించే భవనాలు.

స్మార్ట్ భవనాలు

స్మార్ట్ ఇన్‌ఫ్రాస్ట్రక్చర్‌లో అనేక ప్రయోజనాలు ఉన్నాయి, వీటిలో:

- శక్తి సామర్ద్యాన్ని మెరుగుపరచడం: స్మార్ట్ ఇన్‌ఫ్రాస్ట్రక్చర్ వ్యవస్థలు శక్తి వినియోగాన్ని పర్యవేక్షించడానికి మరియు అవసరమైనప్పుడు మాత్రమే శక్తిని ఉపయోగించడానికి సహాయపడుతాయి.

- మెరుగైన కార్యకలాపాల ఆధారం: స్మార్ట్ ఇన్‌ఫ్రాస్ట్రక్చర్ వ్యవస్థలు భవనాలు మరియు మౌలిక సదుపాయాల యొక్క పనితీరును పర్యవేక్షించడానికి సహాయపడుతాయి, ఇది సమస్యలను గుర్తించడానికి మరియు పరిష్కరించడానికి సహాయపడుతుంది.

- సురక్షితతను మెరుగుపరచడం: స్మార్ట్ ఇన్‌ఫ్రాస్ట్రక్చర్ వ్యవస్థలు భవనాలు మరియు మౌలిక సదుపాయాలను పర్యవేక్షించడానికి మరియు ఏవైనా సమస్యలను గుర్తించడానికి సహాయపడతాయి, ఇది ప్రమాదాలను తగ్గించడంలో సహాయపడుతుంది.

స్మార్ట్ ఇన్‌ఫ్రాస్ట్రక్చర్ అనేది భవిష్యత్తులో మన మౌలిక సదుపాయాలను మరింత సమర్ధవంతంగా మరియు శక్తి సమర్ధవంతంగా మార్చే ఒక ముఖ్యమైన సాంకేతికత.

నిర్మాణ సమాచార మోడలింగ్ (BIM): రూపకల్పన, నిర్మాణం మరియు సహకారంలో విప్లవాత్మక మార్పు

నిర్మాణ సమాచార మోడలింగ్ (BIM) అనేది ఒక సమగ్రమైన సాంకేతికత, ఇది నిర్మాణ ప్రక్రియను మెరుగుపరచడానికి ఉపయోగించబడుతుంది. ఇది డిజైన్, నిర్మాణం మరియు నిర్వహణలోని అన్ని వ్యక్తుల మధ్య సమన్వయాన్ని మెరుగుపరచడం ద్వారా పనితీరును మెరుగుపరుస్తుంది.

BIM యొక్క ప్రధాన ప్రయోజనాలు:

- మరింత సమగ్రమైన మరియు ఖచ్చితమైన ప్రణాళిక: BIM 3D మోడళ్లను ఉపయోగించి, రూపకర్తలు మరియు నిర్మాణదారులు నిర్మాణ ప్రాజెక్ట్లను మరింత ఖచ్చితంగా మరియు సమగ్రంగా ప్రణాళిక చేయవచ్చు. ఇది ఖర్చులు మరియు గడువులను తగ్గించడంలో సహాయపడుతుంది.

- మెరుగైన సహకారం: BIM అన్ని వ్యక్తుల మధ్య సమాచారాన్ని పంచుకోవడానికి సులభమైన మార్గాన్ని అందిస్తుంది. ఇది తప్పులు మరియు తిరిగి పనిని తగ్గించడంలో సహాయపడుతుంది.

- మెరుగైన నిర్వహణ: BIM నిర్మాణ ప్రాజెక్ట్లను మరింత సమర్థవంతంగా నిర్వహించడానికి సహాయపడుతుంది. ఇది భవిష్యత్తులో పునరుద్ధరణ మరియు నిర్వహణ ఖర్చులను తగ్గించడంలో సహాయపడుతుంది.

భారతదేశంలో, BIM ఇప్పటికే ప్రారంభ దశలో ఉంది, కానీ ఇది వేగంగా ప్రజాదరణ పొందుతోంది. భారత ప్రభుత్వం BIM ను ప్రోత్సహించడానికి కొన్ని చర్యలు తీసుకుంది, ఉదాహరణకు,

BIM ను ఉపయోగించిన ప్రాజెక్ట్లకు ప్రోత్సాహకాలను అందించడం.

BIM భారతదేశ నిర్మాణ రంగంలో విప్లవాత్మక మార్పును తీసుకురాగల సామర్థ్యం కలిగి ఉంది. ఇది పనితీరును మెరుగుపరచడం, ఖర్చులను తగ్గించడం మరియు నిర్మాణ ప్రక్రియను మరింత సమర్థవంతంగా చేయడంలో సహాయపడుతుంది.

స్థిరమైన పదార్థాలను స్వీకరించడం: గ్రీన్ కాంక్రీట్, రీసైకిల్ చేసిన పదార్థాలు మరియు బయో-బేస్డ్ నిర్మాణం

ప్రపంచం యొక్క జనాభా పెరుగుతున్నప్పుడు, మనం నివసించడానికి మరియు పని చేయడానికి కొత్త భవనాలను నిర్మించాల్సిన అవసరం ఉంది. అయితే, ఈ భవనాల నిర్మాణం పర్యావరణంపై ఒత్తిడిని తెస్తుంది. నిర్మాణం సమయంలో ఉత్పత్తి అయ్యే వ్యర్థాలు, నిర్మాణం తర్వాత భవనాల నుండి విడుదలయ్యే పర్యావరణ హానికరమైన వాయువులు మరియు భవనాల నిర్వహణకు అవసరమయ్యే శక్తి మరియు నీరు వంటివి ఈ ఒత్తిడిలో భాగం.

ఈ ఒత్తిడిని తగ్గించడానికి, మనం స్థిరమైన పదార్థాలను ఉపయోగించి భవనాలను నిర్మించడం ప్రారంభించాలి. స్థిరమైన పదార్థాలు అంటే పర్యావరణాన్ని తక్కువగా ప్రభావితం చేసే పదార్థాలు. వీటిలో గ్రీన్ కాంక్రీట్, రీసైకిల్ చేసిన పదార్థాలు మరియు బయో-బేస్డ్ పదార్థాలు ఉన్నాయి.

గ్రీన్ కాంక్రీట్

గ్రీన్ కాంక్రీట్ అనేది సాంప్రదాయ కాంక్రీట్‌కు బదులుగా ఉపయోగించే ఒక రకమైన కాంక్రీట్. ఇది సాంప్రదాయ కాంక్రీట్‌కు పోలిస్తే తక్కువ కాలుష్యాన్ని ఉత్పత్తి చేస్తుంది. గ్రీన్ కాంక్రీట్‌లో సాధారణంగా ఈ క్రింది అంశాలు ఉంటాయి:

- పునరుత్పాదక శక్తి నుండి ఉత్పత్తి చేయబడిన సిమెంట్
- పునరావర్తన పదార్థాలు, ఉదాహరణకు పాత కాంక్రీట్, మురికి రాళ్ళు మరియు గాజు

- పర్యావరణ హానికరమైన వాయువుల ఉద్ధారాలను తగ్గించడానికి సహాయపడే పదార్థాలు, ఉదాహరణకు సూర్యరశ్మిని గ్రహించే పదార్థాలు

గ్రీన్ కాంక్రీట్‌ను ఉపయోగించడం వల్ల కలిగే కొన్ని ప్రయోజనాలు:

- ఇది సాంప్రదాయ కాంక్రీట్‌కు పోలిస్తే తక్కువ కాలుష్యాన్ని ఉత్పత్తి చేస్తుంది.
- ఇది భవనాల యొక్క శక్తి సామర్థ్యాన్ని మెరుగుపరుస్తుంది.
- ఇది భవనాల యొక్క జీవితకాలాన్ని పొడిగిస్తుంది.

రీసైకిల్ చేసిన పదార్థాలు

రీసైకిల్ చేసిన పదార్థాలను ఉపయోగించి భవనాలను నిర్మించడం మరొక మార్గం. ఈ పదార్థాలలో పాత కాంక్రీట్, మురికి రాళ్ళు, గాజు, ప్లాస్టిక్ మరియు ఇతర పదార్థాలు ఉన్నాయి.

రీసైకిల్ చేసిన పదార్థాలు

రీసైకిల్ చేసిన పదార్థాలను ఉపయోగించి భవనాలను నిర్మించడం మరొక మార్గం. ఈ పదార్థాలలో పాత కాంక్రీట్, మురికి రాళ్ళు, గాజు, ప్లాస్టిక్ మరియు ఇతర పదార్థాలు ఉన్నాయి.

రీసైకిల్ చేసిన పదార్థాలను ఉపయోగించడం వల్ల కలిగే కొన్ని ప్రయోజనాలు:

- ఇది వ్యర్థాలను తగ్గిస్తుంది.
- ఇది శక్తిని ఆదా చేస్తుంది.
- ఇది పర్యావరణాన్ని మెరుగుపరుస్తుంది.

65

ఆటోమేషన్ మరియు రోబోటిక్స్: రోబోట్లు మరియు అధునాతన సాంకేతికతలతో నిర్మాణం యొక్క భవిష్యత్తు

నిర్మాణం అనేది ఒక భారీ పరిశ్రమ, ఇది ప్రపంచవ్యాప్తంగా కోట్ల మంది ప్రజలకు ఉపాధిని కల్పిస్తుంది. అయితే, ఇది ఒక అత్యంత శ్రమ సమృద్ధమైన పరిశ్రమ కూడా, ఇది తరచుగా ప్రమాదకరమైన పరిస్థితులలో పనిచేయడానికి నిర్మాణ కార్మికులను నియమిస్తుంది.

ఆటోమేషన్ మరియు రోబోటిక్స్ నిర్మాణ పరిశ్రమలో ఈ సవాళ్లను పరిష్కరించడానికి ఒక మార్గంగా ఉద్భవిస్తోంది. రోబోట్లు మరియు ఇతర ఆటోమేటెడ్ టెక్నాలజీలు నిర్మాణ కార్మికులకు తక్కువ ప్రమాదకరమైన పరిస్థితులలో పని చేయడానికి మరియు ఉత్పాదకతను పెంచడానికి సహాయపడతాయి.

ఆటోమేషన్ మరియు రోబోటిక్స్ నిర్మాణ పరిశ్రమపై ప్రభావం

ఆటోమేషన్ మరియు రోబోటిక్స్ నిర్మాణ పరిశ్రమపై వివిధ రకాల ప్రభావాలను చూపుతున్నాయి. ఈ ప్రభావాలు సానుకూల మరియు ప్రతికూల రెండుగా ఉంటాయి.

సానుకూల ప్రభావాలు

- నిర్మాణ కార్మికుల భద్రత మెరుగుపడుతుంది. రోబోట్లు మరియు ఇతర ఆటోమేటెడ్ టెక్నాలజీలు నిర్మాణ కార్మికులను తక్కువ ప్రమాదకరమైన పనుల నుండి విముక్తి చేస్తాయి. ఉదాహరణకు, రోబోట్లు పైకప్పు నిర్మాణం, అంతస్తుల నిర్మాణం మరియు ఇతర

ప్రమాదకరమైన పనులను నిర్వహించడానికి ఉపయోగించబడతాయి.

- ఉత్పాదకత పెరుగుతుంది. ఆటోమేషన్ మరియు రోబోటిక్స్ నిర్మాణ పనులను వేగంగా మరియు మరింత ఖచ్చితంగా పూర్తి చేయడానికి సహాయపడతాయి. ఉదాహరణకు, రోబోట్లు ఇటుకలు లేదా సిమెంట్ పొరలను వేగంగా మరియు మరింత ఖచ్చితంగా పేర్చగలవు.

- ఖర్చులు తగ్గుతాయి. ఆటోమేషన్ మరియు రోబోటిక్స్ నిర్మాణ పనులకు అవసరమైన కార్మికుల సంఖ్యను తగ్గించడంలో సహాయపడతాయి. ఇది నిర్మాణ ఖర్చులను తగ్గించడంలో సహాయపడుతుంది.